中村 和広

学術研究出版

はじめに

　太陽光発電や太陽電池については、もはや知らない人はいないと思います。資源枯渇の心配のない太陽光というエネルギー源から電気を生み出す太陽電池は、クリーンで廃棄物を出さないため、次世代の発電に最適です。再生可能エネルギー、または、自然エネルギーと呼ばれるものの中で、最も実用性が高く優れているものが、太陽光エネルギーなのです。

　この事実を誰もが認めているにもかかわらず、なかなか普及が進まないのには、理由があります。誤解もあります。それを解説するのが本書の大きな役割です。太陽電池の動作原理や材料物性などの半導体や固体物理の専門的な話ではなく、一般的かつ常識的なものの考え方を提示するような、分かりやすい内容にしました。

どうしてもお伝えしたい厳選したものを除いて、図表やデータは敢えて省略しました。巻末の参考文献などにデータはたくさん紹介されていますし、なにより読者の皆さん自身に、最新のニュース報道に敏感になっていただきたいからです。それらを読んだり聞いたりする際の考え方を示すことが本書の目的なのです。

肩の力を抜いて、気楽に読んでいただければと思います。

2016 年 1 月

兵庫の自宅で妻と子ども達に支えられながら

中村和広

目　次

はじめに………………………………………………… 1

第 1 章.　エネルギー資源の問題……………… 5

電気エネルギーの需要増加……………… 6
化石燃料………………………………… 7
エネルギー資源の枯渇………………… 9
エネルギーも持続可能性を考慮すべき…… 12

第 2 章.　環境問題………………………………… 15

大気汚染………………………………… 16
地球温暖化……………………………… 18
地球の将来を本気で考える…………… 24
大自然に対する畏怖の念と謙虚さを……… 25

第 3 章.　代替エネルギー源としての太陽電池… 29

太陽電池………………………………… 30
エネルギー変換効率…………………… 31
数字のトリック………………………… 35

第4章. 太陽電池の特徴 ………………………… 39

可動部分がない ……………………………… 40

騒音や廃棄物を出さず事故の心配もない… 41

維持が容易 …………………………………… 43

量産による低価格化が容易 ……………… 45

規模によらず効率が一定 ………………… 46

太陽光以外の光でも発電可能 …………… 47

太陽光による発電は廃棄エネルギーの

有効利用… 47

第5章. 元を取るのは『お金』？『エネルギー』？

………………………………… 51

元が取れるとは？ ………………………… 52

EPT（エナジーペイバックタイム）……… 55

地球内部の物質循環・

エネルギー循環は破綻する………… 63

情報の鵜呑みは危険 ……………………… 66

第6章. 技術から政策の問題へ ………………… 71

おわりに …………………………………… 77

参考文献 …………………………………… 81

第 1 章

エネルギー資源の問題

■ 電気エネルギーの需要増加

　現在、人類が生活する上で多くのエネルギー
が消費されています。その中で、電気という形
でのエネルギー消費が急増しています。20世
紀後半には、世界の人口、エネルギー需要全体、
ならびに、そのうち電気エネルギーが占める割
合、が急激に増加しています。

　電気は発電によって作らなければなりませ
ん。太陽の光が降り注ぐように、雨が降るよう
に、湧水が出てくるように、どこからか電気と
いうものが自然に自動的に湧き出てくるような
性質のものではありません。

　筆者を含め現代人が、いまさら原始人のよう
な生活に戻ることは、ほぼ不可能と言って良い
でしょう。ならば、現在の生活を続けるための
電気の作られ方について、現代人はもっと知る

べきだと思います。

　現在、発電所の主流は火力発電所です。もちろん国によって違いはあります。原子力の比率が高いフランスのような国もあります。風力が多いデンマークや、水力の比率が圧倒的に高いノルウェーやブラジルのような国もあります。今の日本では火力が中心です。火力発電の燃料は、石炭、石油、天然ガスなどの化石燃料です。

■ 化石燃料

　石炭、石油などの資源を化石燃料と言います。なぜ"化石"という名前がついているのか、みなさんはご存知でしょうか？　化石燃料は、その名の通り、太古の生物の化石なのです。それを現代の人類がエネルギー源として活用させてもらっているのです。

　太古の昔、人類はもちろん哺乳類もその先祖

第 1 章 エネルギー資源の問題　　7

となる脊椎動物さえもいなかったような、数十億年前の大昔の地球は、現在よりも二酸化炭素（CO_2）濃度が高かったと言われています。できたばかりの熱い地球が少しずつ冷めてきて、海ができ、植物プランクトンが最初の生物として誕生しました。

　植物プランクトンは、太陽光のエネルギーを利用して、二酸化炭素（CO_2）を吸収して酸素（O_2）を放出する"光合成"を行います。植物プランクトンは、炭素成分を体内に吸収してくれます。すると、大気中の二酸化炭素濃度が徐々に下がっていき、酸素濃度が上がっていきます。やがて、酸素を消費し、植物プランクトンを捕食する動物プランクトンも生まれました。

　これらプランクトンの大量の死骸が海中深く沈み、圧力と熱と長い時間をかけてできあがったものが石油のもとになっています。一方、陸

上に樹木が生え森林ができるような時代がやってくると、その木が化石になり石炭のもとになります。

　動物や植物を含めた生物全体は、炭素化合物である有機物でできています。有機物は、炭素（C）、酸素（O）、窒素（N）、水素（H）、リン（P）、硫黄（S）、などの元素でできています。地球本体を構成する地殻部分やさらに地球中心部に多い無機物とは区別されます。

　つまり、石油や石炭などの化石燃料は、太古の生物が体内に蓄積した炭素成分を主な成分とする、生物由来のエネルギー資源なのです。

■ エネルギー資源の枯渇

　このように、化石燃料ができるまでには、気の遠くなるような時間とエネルギーが費やされているのです。その化石燃料を、西暦1700年

代のヨーロッパの産業革命以降の、たった200
～300年ほどの間に使い尽くそうとしている
のです。持続可能なはずがありません。

　ゴミ問題などでよく使われる"循環型社会"
という言葉は、エネルギー資源の問題でも当然
ながら考えられるべきです。
　例えば、日本の昔の里山の暮らしでは、火を
おこして湯を沸かしたりする際のエネルギー源
として、薪を使っていました。薪に使われるの
は、間伐材や雑木だったり、森林の主要な大木
であっても余分な枝を切り落としたりしたもの
でした。無駄に木を切り倒すことはありません
でした。
　建築資材などに使うために大木そのものを
切ることもありましたが、切ったら苗木を植え
て、数十年単位で山全体が"持続可能"になる
ように森林を管理していました。もちろん、薪

を燃やした際に発生する二酸化炭素は、育成管理された森林で吸収可能な量に抑えられていました。つまり、資源の観点からも廃棄物の観点からも"持続可能"だったのです。

　エネルギー資源に関しても、これと同じようにできれば問題はありません。仮に、「一億年の時間をかけて作り上げた資源」を「一億年かけて使う」のならば、その間に次の資源が作られるので持続可能でしょう。

　しかし、"億"年単位で作られたものを"百"年単位で使えば、収支が合わないのは当然です。このままいけば、近い将来、破綻することは火を見るより明らかです。

　誰でも、日常生活で家計を考える場合、収入と支出のバランスが崩れないようにする必要があることくらい理解できるはずです。それがなぜ、地球のエネルギー資源については、同じよ

第1章 エネルギー資源の問題　　11

うに考えることができないのでしょうか？

■ エネルギーも持続可能性を考慮すべき

　ゴミ問題では"3R"、つまり、Reduce（減ら
す、抑制する）、Reuse（繰り返し使う、再利用
する）、Recycle（再資源として再生利用する）、
によって、廃棄物の削減に努め、循環型社会の
構築を目指そうとする考えがあります。これと
同じ考えを、エネルギー資源について、そのま
ま当てはめることはできないでしょうか。

　ゴミ問題も、ほんの数十年前は「経済成長や
産業の発達のためには、大量生産して大量消費
して大量廃棄して、ゴミなど陸地や海の埋め立
て地に埋めてしまえば良い」という乱暴な発想
しかありませんでした。

　ゴミの分別やプラスチックや金属のリサイク
ルなどが本格的に始まったのは、最近20年ほ
どのことです。国民全体の意識を変えるには、

国や自治体が制度を整えたとしても、数十年単位の時間がかかるのです。

　石炭、石油、天然ガス、という現在使用されている資源の枯渇が心配され始めると、必ず「いや、この大きな地球のどこかを探せば、まだ見つかっていない炭坑や油田があるはずだ。数十年で枯渇するという心配は無用だ。不安をかきたてるだけのデマだ」などという意見が出てきます。

　しかし、地球の奥深くのどこかにあったとしても、掘削の困難さや採取コストなどを考えれば、例えばガソリン１リットルが１万円といったような、非現実的な事態が起こるかもしれません。そうなると、たとえ地球の内部のどこかに存在していたとしても、それはすでに埋蔵量と考える意味がないでしょう。上で述べた通り、持続不可能な使い方をしている以上、仮に今後さらに見つかったとしても、それもまたす

第１章 エネルギー資源の問題　13

ぐに枯渇してしまうのです。

　さらに、メタンハイドレートやシェールガス
など、新たな資源が見つかったというニュース
が、世界中を楽観的なムードにしようとしてい
ますが、海底の岩盤を砕けば出てくる、という
採取の仕方を聞くと、単なる地球の自然環境破
壊にしか思えません。

　何度も言いますが、これらも化石燃料の一部
なので、作られるのに要する時間と使いきる時
間がケタ違いならば、どのような新しい資源を
見つけたとしても、石炭や石油と同じ運命をた
どることになるのです。

　もうそろそろ、いや今こそ、エネルギー資源
の"持続可能性"を真剣に考える時期だと思い
ます。長い年月をかけて地球が作ってくれた資
源を短期間で燃やし尽くす、という行為を今す
ぐやめるべきだと思います。

第 2 章

環境問題

地球を直径１メートルの球と仮定すれば、大気が存在して生物が生息できるのは、表面の約１ミリメートル程度の薄い部分に過ぎません。その狭い生活圏を、人類が自らの活動によって破壊し続けているのです。

■ 大気汚染

化石燃料を燃やした際に発生して大気中に放出された窒素酸化物（NOx）や硫黄酸化物（SOx）は、酸性雨の原因になります。酸性雨とは、その名の通り、中性ではなく酸性の雨のことです。

この酸性雨によって、千年以上普通の雨に打たれても問題がなかった石の建造物や、屋外に設置されたブロンズ像などが、20世紀になって変色したり溶けたりするようになりました。この原因が酸性雨にあることが解明されたのは、20世紀も後半になってからのことです。

また、酸性雨は樹木の立ち枯れの一因ともなり、森林破壊が進む原因ともなっています。

　化石燃料の燃焼と共通する問題として、工場の煤煙や自動車の排気ガスの問題があります。これらは、窒素酸化物や硫黄酸化物をもととする粒子状物質を大気中に放出し、ぜんそくなどの呼吸器疾患の原因となり、生物の健康に深刻な影響を与えています。

　大気汚染は、日本でも昭和40年代に公害問題として社会的大問題になり、被害に遭われた患者の人たちや、発生源の企業や、大気汚染を抑制すべき対策を怠った国や自治体などによって、責任や補償をめぐる議論が続いており、今でも完全な解決には至っていません。

　平成に入って20年以上経った最近では、発展著しい中国やインドなどで、この大気汚染の

第2章 環境問題　　17

問題が深刻化しています。"PM2.5"などといった言葉を、ニュースでよく見かけるのではないでしょうか。

しかも、大気汚染の問題は、単に一国だけの問題ではなく、国境を越えて、周囲の国にも悪影響を与えるのです。大気や風には国境などないからです。

何かを燃焼させることと排気ガスのことは、本質的に切り離せない一心同体の問題なので、燃焼系の発電方法は根本的に見直すべきだと思います。

■ 地球温暖化

物質を燃焼させると二酸化炭素が発生します。火力発電などで化石燃料を燃やした場合にも、当然ながら大量の二酸化炭素が発生します。これが地球温暖化の要因となっているのです。

このことについて世界的な議論が行われているのが、国連気候変動枠組条約締約国会議です。長い名前ですが、短縮してCOP（Conference of the Parties）と呼びます。条約を批准した国が集まる会議のことです。

COPは、1992年の国連環境開発会議で採択された"気候変動枠組条約"の締約国で、地球温暖化などの環境問題を話し合う会議です。第1回のCOP1は1995年にドイツのベルリンで開催されました。その後、毎年開催され、第3回のCOP3は1997年に日本の京都で、第21回のCOP21は2015年にフランスのパリで開催されました。

温室効果ガスのひとつである二酸化炭素排出抑制も主たる議題になっています。特に、COP3で採択された京都議定書では、各国が法的拘束力を持つ排出削減義務を負いました。

その中で、日本は「2008年から2012年の

第2章 環境問題　19

間に（つまり、京都議定書から15年後が期限）、1990年を基準として、温室効果ガスの排出を6％削減する」と約束しました。

国も掛け声をかけ、企業や個人も、ある程度の努力はしたと思いますが、結果的に見れば、いざ2012年になってみると、排出量は1990年と比べて減少するどころか増加していました。

2013年11月20日の朝日新聞の記事によると、前日19日の環境省の発表として、「2012年度単独では1990年と比べて6.3％増、2008年から2012年の5年間の平均でも1990年と比べて1.4％増」とのことでした。減らすと約束しておきながら増加させてしまったのです。

しかし、問題はその次です。同日の同記事によると「京都議定書の約束は達成できたと発表

した」となっているのです。この矛盾に誰もが
「？？？」となりました。

　記事をよく読むと、「実際の排出量は増えて
しまったが、森林が二酸化炭素を吸収してくれ
るので、排出量を減らしたと考える。他国の排
出権を買い取って、その分、日本の排出量が少
なかったことにする」というものでした。

　このやり方には、筆者でなくとも、誰が考え
ても、「ずるい。姑息だ」と思うでしょう。2014
年4月23日の朝日新聞夕刊では、「CO_2増え
ても目標達成？　他国の減少分買う『裏技』」と
いう記事があります。まさに、『裏技』です。

　2011年に南アフリカで開催されたCOP17
では、「COP3で採択された京都議定書の約束
期間である2008年から2012年は『第一約束
期間』だ。2013年から2018年（または2020
年）を『第二約束期間』とする」とされました。

第2章 環境問題　21

2012年までに約束を達成できそうにない国々が作りだした後付けのルールです。俗にゲームなどで負けた者が言う"泣きのもう一回"です。

しかも、日本はこの『第二約束期間』には参加せず、削減目標を提示するのみにする、という道を選びました。

2013年11月8日の朝日新聞の記事によると、「政府は2013年にポーランドで開催されるCOP19で『2020年までに、2005年比で3.8%減を目標とする』と表明する」とのことでした。

そのまま読めば読み過ごしてしまいそうですが、違和感を覚える人は注意力と洞察力が優れていると思います。なぜなら、1990年比で増えてしまった後の2005年と比べて3.8%減らす、という目標は、削減目標と言いながら、その最終目標値は実は1990年よりも多い排

出量なのです。基準となる年を、いつのまにか
1990年から2005年にすり替えてしまったの
です。

　「増えてしまったものは仕方がない、約束が
守れなかったのも仕方がない。でも、この増え
てしまった量から頑張って減らすから、それが
当初の基準よりも増えた量であっても、それで
許してほしい」ということなのです。

　本気で将来のことを考えず、このような手法
でずるずると問題の解決を先延ばしにして、と
りあえず自分の在任中は問題が起きないように
するという構図は、組織や権力者がよく使う、
ありがちな光景です。国の膨大な借金のツケを
将来世代に押し付けるのと似ています。

　卑近な例で言うと、ダイエットを決意しなが
ら誘惑に負け続け、増え続ける体重をよそに、
「明日から頑張って今よりも減らすようにすれ
ばそれで良いだろう。もとの体重よりも増えて

しまったとしても、一番増えてしまった時よりも減らせば頑張ったことにしてほしい」と言っているようにしか思えません。

■ 地球の将来を本気で考える

なぜ正々堂々と約束を守れないのでしょうか。逃げ道を作って、後付けで話を作って、できていないことをできたことにする。これが国家のやることでしょうか。情けないと思います。

筆者も45年以上生きています。社会や組織の思惑や手法は大体想像がつきます。しかし、こんな場当たり的なことを続けていれば、人類の将来が危ういと心配せざるを得ません。

大気汚染の最後にも述べましたが、この地球温暖化も、国境を越えた対策と措置について、真剣な議論と実効的な策が必要です。先進国と

途上国の間で、それぞれの考えがあることは筆者も理解していますが、地球全体の将来の問題と比べると、国ごとの目先の利害得失など誤差レベルだと思います。

　このまま温暖化が進めば、地球全体のかなりの生物種が絶滅するとも言われています。海に沈む島国があるとも言われています。生物種の存在バランスが崩れ、多様性を失った生物界全体は、その存続自体が危うくなるでしょう。人類だけが特別ではありません。

　温暖化対策については、もっと多くのデータをもとに考察すべきことはたくさんあります。しかし、本書では、COP に関するニュースに関心を持ち続けてほしい、と読者に問題提起をするにとどめておきます。

■ 大自然に対する畏怖の念と謙虚さを

　筆者は大自然を崇拝しています。人類はもっ

第 2 章 環境問題　　25

と謙虚になるべきだと思います。哺乳類のひとつの種に過ぎない人類は、あらゆる動植物の暮らしや地球そのものの活動という大自然の営みの中で「一緒に生活させてもらっている」という、謙虚さと感謝を忘れてはならないと思います。

　筆者が太陽電池にこだわるのには、理由があります。筆者が高校生のころ、旧ソ連のチェルノブイリの原発事故がありました。連日報道されるニュースを見て、説明を聞いて、原発事故の恐ろしさを知りました。人間が制御できないものは、たとえ多くのエネルギーが得られたとしても危険すぎる、と素人ながらに直感で理解しました。
　子どもの頃から昆虫や植物が大好きで、自然の中で遊ぶことが何より幸せだった筆者は、原発事故による放射能汚染によって長期間生物が

住めない状態になると知り、計り知れないほど
のショックを受けました。人間の身勝手によっ
て地球の自然を破壊することが許せませんでし
た。

　その後、大学進学に際して電気系学科を専門
に選び、放射性物質の半減期の長さ、いろいろ
な発電方法の原理、などを学んでいく中で、筆
者の中の「エネルギー、資源、自然環境」問題に
対する決意は不動のものになりました。大学4
年生で卒業論文を書くための研究室選びの時に
も、太陽電池用材料のことしか考えられません
でした。

　このような経験や考えや決意、これらの
動機付けはその後の人生で重要な役割を
果たしてくれました。強い信念があれば、
少々の困難は乗り越えられます。"少々"とは呼
べないほどの妨害もありましたが、その後25
年以上、決意は変わっていません。

第2章 環境問題　27

原発再稼働を進める人たちは「東北の大震災のような何十年、何百年に一度の災害はもう起きない。九州では何十年も起きていない。だから再稼働しても大丈夫だ」などと言います。傲慢かつ無分別すぎると思います。大自然に対する畏怖の念があまりに欠如していると思います。

第 **3** 章

**代替エネルギー源として
の太陽電池**

■ 太陽電池

　政府は、1997年に開催されたCOP3の京都議定書を受けて、1998年6月には「地球温暖化対策推進大綱」を発表しました。その中で、2010年に向けての緊急対策として「太陽光発電等の導入」を強調していました。

　従来の発電方法に取って代わる代替エネルギー源に求められる要件としては、

　　・安定に供給できる
　　・安全性に問題がない
　　・廃棄物を出さず無公害である

ことが挙げられます。持続可能な循環型社会を構築するためには、これらは不可欠な要件だと思います。今後、地球全体の長期的な観点から見れば、エネルギー源として許されるのは、

再生可能エネルギーまたは自然エネルギーに限られていく、と言っても良いでしょう。

　これらの条件をすべて満たすのは、現時点では太陽光発電しかありません。

　太陽電池の動作原理や材料物性などについては、筆者の専門分野ではありますが、それらを解説することは本書の目的ではありません。太陽電池に関する専門的なことは巻末の文献を参照して下さい。

■ エネルギー変換効率

　太陽光発電に対して、世の中でよく言われている意見の中には、「太陽光発電はエネルギー変換効率が20％程度だ。火力発電は変換効率が40％程度であるのに比べて低いから、まだまだ普及は難しい」というのがあります。テレビなどでも、アナウンサーやコメンテイターが"したり顔"で語る姿を、筆者自身もよく見かけ

ます。

　しかし、これは"まやかし"です。気をつけなければなりません。「エネルギー変換効率」という、共通の名前で呼ばれてはいますが、太陽光発電の変換効率と火力発電のそれとは、本質的に異なるものなのです。エネルギー変換効率は、

（エネルギー変換効率）＝
（得られる電力エネルギー）/（投入エネルギー）

　という分数で表わされるものです。単位は、百分率で表せば、共に「％」で共通です。しかし、ここに落とし穴があることに気付いている人は少ないのです。

　この分数で表わされるエネルギー変換効率の、"分子"は確かに太陽光発電でも火力発電でも同じく「得られる電力エネルギー」で共通です。ただ、"分母"が異なるのです。

コラム「太陽電池の動作原理」

　半導体であるシリコンを用いた太陽電池を例に挙げると、太陽光のエネルギーを吸収した半導体の内部で、光のエネルギーによって電子と正孔（電子が抜けた跡）が発生し、p型半導体中の少数キャリアである電子とn型半導体中の少数キャリアである正孔が拡散によってpn接合部に到達すると、接合部に存在する内部電界によって電子はn型領域に正孔はp型領域にそれぞれ分離され、それを電極から外部回路に取り出すことで電池のような働きをするのです。

　この説明や用語は少々専門的なので、読み飛ばしていただいて構いません。太陽電池の原理を簡単に説明するとこうなる、ということです。

太陽光発電の場合には、「太陽エネルギーそのもの」を分母として、その20%程度を電力エネルギーとして利用できるのです。残りの80%は何も悪いこともしませんし無駄にもなっていません。

　太陽光発電をしなければ100%の太陽光が当たっていた場所（建物の屋根や壁や空地など）で熱エネルギーになって放置されていたもののうち、20%だけでも電力エネルギーに変換して有効利用しているのです。

　一方、火力発電では、「もともとエネルギーの塊として取り出した、石油・石炭・天然ガスなどの燃料が持っているエネルギー」を分母とし、燃焼の結果60%程度を無駄にして40%程度しか電力エネルギーとして利用していないのです。

　分母の時点ですでに凝縮されたエネルギー

の塊なので、そこから多くの電力エネルギーを取り出せるのは当たり前のことなのです。むしろ、60%を無駄に燃焼させたことの損失に目を向けるべきです。

　考え方次第では、太陽光発電は「プラス20%」、火力発電は「マイナス60%」という見方もできます。この点については、後ほど詳しく述べます。

■ 数字のトリック

　同じ「エネルギー変換効率」という言葉で表わされ、同じ「%」という単位で表現される数値であるがゆえに、ただ単純に比較されることが多いのですが、この「40」と「20」という数値だけを単純に比較することはナンセンスです。

　例えば、野球の年間打点王とサッカーの年間得点王を比べることに、意味があるでしょう

か。同じ「点」という単位で表わされるという理由だけで、「野球の年間打点王は『100点』叩き出したのに、サッカーの年間得点王は『20点』しか取っていない。だからサッカーの得点王など大したことはないのだ」などと言う人がいるでしょうか。これがナンセンスであることは、多くの人は簡単に理解できます。

これと同じことを、太陽光発電と火力発電の変換効率に関して、同じ「%」という単位で表わされるという理由だけで、単純に「40」と「20」という数値同士を比較するというナンセンスな過ちに、多くの人が陥ってしまっているのです。

言うまでもなく、野球とサッカーは別の種目です。得点の意味も価値も違います。したがって、単純に数値同士を比較することなど意味がありません。同じ種目の中で、つまり、野球選

手同士、サッカー選手同士で、得点の多い少ないを比べて競い合うことには意味があります。

　しかし、別種目である、野球とサッカーの得点を、ただ単純に「点」という単位で比較して、「20点しか取れないサッカーの得点王よりも、100点も取る野球の打点王のほうが優れている」とは誰も言いません。

　同じように、分母が共通である同じ発電方法の中で、例えば、火力発電なら火力発電の業界内で、太陽光発電なら太陽光発電の業界内で、「従来のこの部分をこのように改良したから何%から何%に改善した」などと開発競争をすることには意味があります。

　この単純な違いに気付かず、未だに世の中の多くの人が、「太陽光発電の変換効率は低い」などという誤解を持ったままなのです。筆者らのような太陽電池に携わる人間から見れば、

「断っても断れないほど絶え間なく降り注ぐ太陽光のエネルギーのうち、『20%"も"』電力に変換して活用できるなんて、太陽電池は何て素晴らしいんだ！」としか思えません。

　「筆者が自分たちの専門分野のことだからひいき目に見ている屁理屈だ」と思われる読者は、本書を最初から最後までもう一度よく読んで、論理的にじっくり考え、自問自答を繰り返してみて下さい。きっと何か新しい考え方に辿り着くはずです。「そういう考え方もあるのか！」ということに気づいていただく、それが本書の真の目的です。

第 **4** 章

太陽電池の特徴

本章では、他の発電方法との違いを中心に、太陽電池の特徴をいくつか説明していきます。発電の際のエネルギー変換効率の問題は議論しません。第3章で述べたように、比較することに意味がないからです。

■ 可動部分がない

　多くの発電では、タービンを回転させて電気を作り出します。ちょうど、自転車の前輪の回転を利用してライトを点灯させることと同じようなものだと考えて下さい。実際は電気には交流と直流がある、などということはここでは考えなくても良いでしょう。直感的なイメージが大切です。

　火力発電でも原子力発電でも、タービンを回転させて発電します。水力発電でも水が流れる力を利用して水車を回転させます。風力発電でも風の力を利用して風車を回転させます。

このように発電方法のほとんどが何かを回転させます。これのどこに問題があるのでしょうか？　まず摩耗の問題があります。摩擦がほとんどゼロに近くなるようベアリングなどによって滑らかに回転するように作ってはいますが、可動部分がある以上、必ず少しずつ摩耗し消耗品の部品交換などが必要になってきます。

太陽光発電では、可動部分が一切ありません。ただ、静かに動かず、黙々と、淡々と、太陽光のエネルギーを電気のエネルギーに変換し続けているのです。

■ 騒音や廃棄物を出さず事故の心配もない

前項と関わることでもあるのですが、何かが回転すれば音が出ます。カバーで覆われた大型の発電所のタービンの回転音を直接聞いたこともありますが、無音ということはあり得ません。

第 4 章 太陽電池の特徴　41

風力発電の風車の音も聞いたことがあります。長い羽根が風を切って回転するときのうなるような低音は、風を受けて風車を回すことが風力発電の本質である以上、絶対に避けられません。

　また、燃焼系の発電では有害な排気ガスが必ず出ます。二酸化炭素は地球温暖化、窒素酸化物や硫黄酸化物は大気汚染、の原因になっていることは第2章で述べました。

　さらに、原子力発電では、放射性核廃棄物が出ます。これの処理については現在も大問題になっていることは、ニュースなどでご存知だと思います。

　廃棄物問題以外にも、爆発などの事故が起きた時の被害の甚大さも考えるべきでしょう。2011年3月の東日本大震災では、原子力発電所から漏れた放射性物質のため、今も自宅に戻れない人たちが多くいらっしゃいます。無念で

あり不幸なことです。人災と呼ばれる所以です。

　原子力発電再開に反対する一般市民の声を無視して、国は原子力発電を再開させようと必死です。絶対大丈夫ということはあり得ません。大自然を甘く見てはならないと思います。

　また、風車や水車や火力発電のタービンなどの回転式発電法では、事故の可能性がゼロではありません。特に、風車が"想定外の"強風によって倒壊したという事故の報告は後を絶ちません。

■ 維持が容易

　これも上で述べた特徴と関連する事項です。可動部分がなく部品交換の必要もなく、保守管理や運転維持が簡単であることは、太陽光発電の大きな特徴の一つです。

　日本でも、1970 年代のオイルショックのと

第 4 章 太陽電池の特徴　43

きには、太陽光発電が注目されたことがあります。その当時は、まだ高性能の結晶シリコン太陽電池*は製造コストが高かったため、利用されるのは宇宙開発や灯台など限定的なものでした。一方、アモルファスシリコン太陽電池*などの低コストのものは、電卓や腕時計など小型で小電力のものに応用されていました。

(*注：結晶シリコン太陽電池は、製造コストはかかるが変換効率も高い。アモルファスシリコン太陽電池は、コストは低いが変換効率も低い)

　ここで、灯台での太陽電池利用について一言述べておきます。灯台の明かりをともすための電気を、遠くの発電所から電柱と電線を設置して取り寄せるとなると、膨大な設備費用がかかります。さらに、長距離の送電は送電線の電気

抵抗がゼロでない以上、必ず、それもかなり多くの送電ロスが生じます。距離によっては、半分以上が無駄になることもあります。

また、保守管理が容易である太陽電池は、無人化・自動化が簡単であることから、灯台での利用に最適であることを理解してもらいやすいと思います。

太陽電池は、灯台での利用に代表されるように、分散型発電の特徴を最大限活用するものです。送電線が不要で、必要な場所で発電できることは、大規模災害などの非常事態にも強いということを意味します。

■ 量産による低価格化が容易

火力発電所、原子力発電所、水力発電所、などのような発電所の大型施設とは異なり、太陽電池のパネルは工場で大量生産可能な製品です。

経済の原理から考えれば、量産効果によって低コスト化が図れることは容易に理解できると思います。

■ 規模によらず効率が一定

　タービンや風車や水車を回転させる発電方法では、小型のものは効率が低く、大型のものは効率が高くなります。専門的な説明は避けますが、小さなものは回しやすく止めやすい、大きなものは回しにくいが止まりにくい、という原理によって、大型にして回し続けるほうが、効率が高くなるのだと考えて下さい。

　一方、太陽電池は太陽光から電気に変換する効率が常に一定なので、必要に応じてパネルを並べるという設計・計画が容易である、という特徴があります。

　広大な面積に並べられたメガソーラー発電所でも、小さな電卓やオモチャに使われるもの

でも、同じ種類の太陽電池ならば性能は同じです。

■ 太陽光以外の光でも発電可能

太陽光発電といっても、何も太陽光でしか発電しないという意味ではありません。蛍光灯の光でも、反射光でも、どこか明るい場所ならば、多少発電量は減りますが、ちゃんと発電します。直接の太陽光を当てた時にもっとも多くの電気が取れるというだけです。

そういう意味では、太陽光発電ではなく、一般には光発電と呼ぶべきかもしれません。

■ 太陽光による発電は廃棄エネルギーの有効利用

前章のエネルギー変換効率のところで述べたように、もともと太陽光が当たっていた場所に太陽電池を置くことによって、少しでも電気を

取り出せるならば、これほど素晴らしいことは
ないと思います。

　第1章で述べた資源の問題も心配いりませ
ん。太陽がなくなれば当然なにもできなくなり
ますが、さすがにそれは考える必要がないで
しょう。太陽がなくなれば地球を含め太陽系全
体が今のままでいられるはずがありません。何
億年先か何十億年先か分かりませんが、太陽に
寿命があるとはいえ、当面は無限のエネルギー
資源と考えて良いでしょう。

　地下資源を掘り出すような、特別なことをし
なくとも、太陽光は常に地球表面の半分には降
り注いでいるのです。断っても断れるものでは
ありません。太陽光を受けることそのものには
何のコストもかかりません。自動的にエネル
ギーが降り注いでくるのです。

　この"廃棄エネルギーの有効利用"という観

点から、次章で述べる、"エナジーペイバックタイム"という概念が生まれるのです。

第 **5** 章

**元を取るのは『お金』？
『エネルギー』？**

筆者は、大学の講義だけでなく、市民講座などで地域の一般市民の人たちに向けても、本書で述べたような内容をお話ししています。

　講演の最後に質疑応答の時間を取るのですが、必ずと言って良いほど「再生可能エネルギー（自然エネルギー）を利用する太陽電池が良いのは分かるが、元は取れるのか？」という質問が出ます。

■ 元が取れるとは？

　この質問の意図は「100万円もかけて家の屋根に太陽光パネルを設置して、電気代の元が取れるのか？　何年で投資した金額の元が取れるのか？」といったものだと思います。お金のことを考えるのは当然ですし、筆者も理解できます。

　しかし、よく考えてみると、電気代そのものも不変のものではありません。最近でも、自然

エネルギーで個人が発電した電力を電力会社が固定価格で買い取る制度（FIT：フィードインタリフ）の導入と引き換えに一般の電気料金を値上げしました。また、原子力発電所の再開と引き換えに電気料金の引き下げが発表されました。

　このように、国の政策や電力会社の都合で、どうにでも変動するのが電気料金です。また、以前から議論されている"炭素税（名称はともかく実質としてこれに相当するもの）"の導入などによっても、電気料金は変わり得るでしょう。

　10年、20年先の世界の金融経済の状況など、おそらく誰にも予測できないでしょう。これらのことを説明した上で、「金銭的に元が取れるかどうかは、筆者には厳密なことは分かりません」と答えることにしています。

　概算しかできませんが、実際には10年ほど

で金銭的には元が取れるのではないでしょうか。

　また、「太陽電池の寿命はどれくらいだ？」という質問も良く受けます。この質問者の意図は、「太陽光発電に用いるパネル全体の寿命」という意味で聞いているのだと思います。

　このときに筆者は、「パネルの素材のうち、樹脂やアルミなどの周辺部材は太陽光に長年さらされると劣化しますが、シリコン太陽電池のセルそのものは、石ころと同じで、半永久的に使えます」と答えます。太陽電池の材料物性研究者として、これ以外の答えは思いつきません。

　周辺部材メーカーの研究開発に期待はしますが、永久に使えるシリコン太陽電池セルそのもののリサイクルを考えるのが良いと筆者は考えます。一昔前の使い捨てカメラの、フィルムと周囲の紙の部分を交換して、本体のプラスチッ

ク部分は再利用して製品に戻す、という方式です。

　話を戻しましょう。元が取れるかどうか、という質問に対して、「金銭的に元が取れるかどうかは、世界経済の状況や政府の政策次第なので何とも言えません。しかし、発電するに当たって投入したエネルギーを回収するのに要する時間なら計算可能です」というのが、筆者の答えです。

■ EPT（エナジーペイバックタイム）

　投入したエネルギーを回収するのに要する時間、とはどういった意味でしょうか？　前に述べたように、金銭的な話は流動的すぎて掴みどころがありません。しかし、エネルギーという不変の物理量を用いて、

"何ジュール（何カロリーでも構いません）かのエネルギーを使って作りだした発電設備が、同じだけのエネルギーを生み出すのに要する時間"

　ならば、金融経済状況や政策に関係なく、科学的に計算可能です。

　したがって、金銭ではなくエネルギーで考えるべきだというのが、筆者を含め少しでも大局的な考え方を心掛ける自然科学研究者の発想なのです。そこで、指標となるのが"EPT (Energy Payback Time: エナジーペイバックタイム)"です。

　図５－１をご覧ください。例として、ある火力発電所を考えます。発電所を建設する際、最初に当然ながらエネルギーが必要です。お金ではありません。投入したエネルギーの話です。

その後、火力発電を稼働させているあいだは、常に燃料を投入し続ける必要があります。そのうち40%が電力として利用できたとしても、60%を無駄に燃やし続けている以上、発電所建設に要したエネルギーを回収することは絶対にあり得ません。

　つまり、**燃料を投入する方式の発電では、永久にペイバックしない**のです。

　一方、図5-2をご覧ください。太陽光発電の例です。太陽光発電に用いるパネルを製造する際にはエネルギーが必要です。工場で製造する以上、何がしかのエネルギーは必要でしょう。

　しかし、これさえも、太陽光発電が増えていけば、自分で作り出した電力で工場を稼働させて太陽電池を作る、という完全循環型、完全持続可能型、の発電となり得るのです。ただ、こ

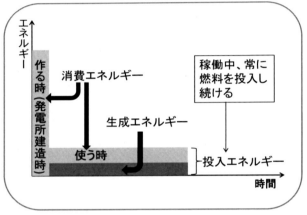

永久にエナジーペイバックしない

図5−1 火力発電のイメージ

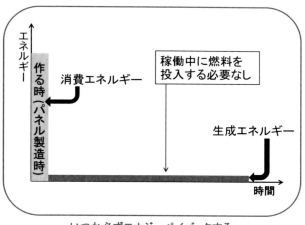

いつか必ずエナジーペイバックする

図5-2 太陽光発電のイメージ

の話は一旦わきへ置いておくことにしましょう。

　注目していただきたいのは、太陽光発電では、発電をしているあいだに一切エネルギーを投入しなくても良い、という点です。特別なことをしなくても、自然に自動的に太陽の光は地上に降り注いでいるのです。つまり、太陽光から電力に変換する効率が20%程度であったとしても、いつかは必ずペイバックするのです。この違いを良く理解して下さい。

　しかも、太陽電池の種類にもよりますが、このエネルギーのペイバックに要する時間は、1〜3年程度だということも注目に値すると思います。仮にこれが、何百年何千年も要するならば、エネルギーの利用の仕方に問題があると思いますが、たったの数年で、投入したエネルギーが回収できるのです。

第3章の変換効率の話で、太陽光発電は「プラス20%」、火力発電は「マイナス60%」という見方もできる、と述べたことを思い出して下さい。これは、まさに投入したエネルギーをペイバック（回収）できるかできないか、を意味しているのです。

　たとえエネルギー変換効率が20%であっても、「プラス20%」ならば、いつか必ずエネルギーはペイバックするのです。しかし、エネルギー変換効率が40%だとその数値の大きさをどれだけ自慢しても所詮は「マイナス60%」なので、永久にペイバックすることはありません。

　しつこいようですが、大切なことなので何度でも言います。太陽光発電は、昔も今も変わらず降り注ぐ太陽光のエネルギーそのものを、エネルギー変換効率を計算する際の分母に用います。

一方、火力発電などで燃焼させる化石燃料は、太陽のエネルギーのおかげで生まれた太古の生物をもとにして長い時間と圧力と熱とを加えて地球内部に蓄えられたエネルギーの塊です。化石燃料が作られる過程を考慮に入れず現在の形つまりすでにエネルギーの塊となったものを持ってきてそれが持つエネルギーを分母にしているのが、火力発電のエネルギー変換効率です。ある程度高い値になるのは当然です。同じ"エネルギー変換効率"という言葉を用いていても、これらは別物です。

太陽光発電は「プラス20%」、火力発電は「マイナス60%」、という考え方、そして、本書で唯一示した図（5－1、5－2）の意味、これらを覚えておいて下さい。

太古の生物が残してくれたエネルギーの塊を地球内部から掘り出して燃やすだけ、という発

電方法はそろそろ終わりに近付いていると思います。

■ 地球内部の物質循環・エネルギー循環は破綻する

　結局、石炭や石油や天然ガスやメタンハイドレートやシェールガスなどその形態に関係なく、化石燃料を使うこと自体、確実に破綻することが決まっているのです。なぜなら、化石燃料を掘り出して燃焼するという行為は、どこまでいっても、"地球内部での物質循環・エネルギー循環に過ぎない"からです。

　また卑近な例を出しますが（筆者は講義などでもよく例え話を使います）、家族同士でお小遣いのやりとりをしているだけでは、お金を使い続けると、その家全体が保有するお金は減っていく一方です。お父さんやお母さんが仕事をして、本人や兄弟姉妹がバイトをして、家の外

第５章 元を取るのは『お金』？『エネルギー』？　　63

からお金をもらってこなければ、貯金を切り崩し終えた時点でこの家の家計は必ず破綻します。

　これと同じ論理がなぜ多くの人に理解してもらえないのでしょうか？　地球内部だけで物質循環やエネルギー循環を続けていても、いつかは必ず破綻するのです。地球の外からエネルギーを持ってこなければ、どうにもならないのです。

　図５−１で示した火力発電の例を考えましょう。仮に、発電所稼働中に100のエネルギーを投入して200の電力が得られるのならば、いつかはエネルギーもペイバックしますし、地球内部のエネルギー循環でも正のフィードバックがかかり地球全体のエネルギーが増大します。

　しかし、そのようなことはあり得ないことです。エネルギーは形を変えるごとに必ず損失が

生じて減り続けるのです。100のエネルギー
が、200のエネルギーどころか、100のエネル
ギーを生み出すことすら、あり得ないのです。
エネルギーに関して"永久機関は不可能"とい
う問題と似た考え方です。

　仮に100のエネルギーの塊から燃焼の結果
100のエネルギーを取り出せたとしても、発電
に関してエナジーペイバックすることは永久に
ないのです。

　その誕生のときから太陽のエネルギーをも
らっている地球、そこで生まれたあらゆる生物
の活動にも太陽のエネルギーが使われていま
す。電気を使わない生活を考えることがすでに
困難になってしまった以上、その**電気を作りだ
す方法として、太陽光エネルギーを活用させて
いただくことが唯一の解**だと筆者は信じます。

第5章 元を取るのは『お金』？『エネルギー』？　65

■ 情報の鵜呑みは危険

　最後に、筆者が講義で必ずお話しすることを述べておきたいと思います。それは「何でも鵜呑みにせず自分の頭で考える」ことが何より重要だ、ということです。

　インターネットの情報が玉石混交であることは多くの人が理解しています。キーワードで検索すれば大量の候補ページが与えられます。誰がどのような責任のもとにアップロードしたか不確実な情報が溢れています。インターネットは、情報の海に溺れるという過ちに陥りやすい最大のツールです。情報を多く持つことに安心してしまい、思考停止状態に陥りがちなのです。

　では、テレビや新聞はどうでしょうか？　これも絶対とは言えません。報道の自由と言いな

がらも、スポンサーや時には政府の顔色を窺う
こともあるように感じます。反論もあるかと思
いますが、反権力思想がゆえに組織や権力と対
峙することが多く、組織の内部や裏の事情を長
年直接見聞し続けている、筆者の個人的な感想
です。当然ながら、意見には個人差があります。

　太陽電池の変換効率のところで述べました
が、テレビや新聞で報道されることが必ずし
も、専門家全体の科学的根拠を伴った論理的な
意見とは限らないのです。

　新聞記事の中で科学的に誤った表現があった
時に、筆者はその新聞社に指摘したことがあり
ます。日本の三大紙のひとつだったので丁寧に
対応してくれました。筆者は決してクレーマー
ではないので、冷静に科学的な事実を説明する
と、担当者は理解してくれました。どうやら最
終の校正の段階で技術的なことを理解していな
い人がそのまま通して世に出してしまったよう

で、筆者の見解を科学的に正確な内容として掲載してくれました。

　ならば、専門書はどうでしょうか？　これは著者によります。理系出身で文章を書くことが得意なサイエンスライターさんがいます。関連する本を少し読んで勉強して、専門家ではない人向けに本を書くのです。専門家の分かりにくい説明よりもかみ砕いて説明してくれることが有益なこともあるのですが、ときには誤解や無理解によって誤った内容が含まれていることがあります。

　理想的には、専門的なことを正確に理解している人が、一般の人に向けた分かりやすい表現で書く、ということをしてほしいのですが、これはなかなか難しいでしょう。大学の先生が書く本が必ずしも分かりやすいとは限りません。研究はできても教育は苦手という人もいます。その逆の人もいます。中には、どちらも苦手と

いう人もいるようです。どちらも得意だという人が増えることを祈っています。

　結局、どのような情報でも、収集した後は、整理して分析して自分のものにするのは、各個人の責任なのです。もちろん筆者は読者のみなさんを騙そうなどとは考えていないので、まずは信じていただいて問題ないと信じていますが、本書に書かれた筆者の意見でさえ、読者のみなさんはよく考えて自問自答を繰り返して、考えて考えて考え抜いて欲しいと思います。

　そのために、敢えて図表やグラフは最小限にして考え方のみを示し、問題提起だけしています。読者のみなさん自身が常に問題意識を持ち続けてほしいと願うからです。自分の頭で考えたことだけが最終的には有益な情報として残るのです。

第5章 元を取るのは『お金』？『エネルギー』？　　69

第 **6** 章

技術から政策の問題へ

太陽電池の研究は今も世界中で続けられています。現在、製品として市場に出回っている9割以上の太陽電池がシリコンから作られていますが、さらなる性能向上を目指して、シリコン以外の材料を研究している人たちもいます。筆者もその一人です。

　1970年代のオイルショックを契機に、1974年から「サンシャイン計画」が始まり、1993年からは「ニューサンシャイン計画」が始まりました。21世紀に入って個別のプロジェクトに移行したため、「ニューサンシャイン計画」の名称はなくなりましたが、太陽電池に関するプロジェクトは今も続いています。

　しかし、太陽電池に関する技術的な側面は、ある程度成熟した段階にきていることもまた事実です。つまり、現在の技術や製品をどのように活用するか、という政策や制度の問題に移りつつあるようにも思えるのです。

もっとも分かりやすい例が、個人住宅に太陽光発電パネルを設置する際の国や自治体からの補助金です。2005年に国が補助金を打ち切る際に「軌道に乗ったから打ち切っても伸び続ける」という主旨のことを根拠としていました。しかし、翌年、国内の売り上げは激減しました。

　ドイツやスペインで成功した、固定価格買い取り制度（FIT：フィードインタリフ）を、日本も遅ればせながら2012年に始めました。しかし、太陽光発電に関しては、買い取り価格を下げ続けていることや、新規参入に制限を加えるなど、今もなお、国の方針が定まらず、見通しを立てづらい状況です。筆者としてはその動向を注目し続けているところです。

　2015年秋の鬼怒川堤防決壊という災害のときに、堤防の機能を弱めるような場所に太陽光発電パネルが並べられていたことを知りまし

た。その後、調べてみると、自然エネルギーを利用した発電の中でも特に新規参入しやすい太陽光発電施設に関して、太陽光パネルの無計画な設置によって、堤防や崖の斜面の強度が弱められたり、景観が損なわれたりしているという例があるようだと知りました。

　詳しい状況については今後も調査を続けますが、堤防決壊やがけ崩れなどが起きそれが報道されてしまうと、業者の計画や施工の問題という本質ではなく、表面的な「太陽光発電や太陽電池のせいだ。太陽光発電が悪いんだ」という歪んだ批判に、国民の目が向いてしまいがちなのです。

　太陽電池に携わる筆者のような人間が心配するのは、このような風評被害や誤解なのです。太陽電池そのもののイメージダウンに直結するからです。電力小売りの自由化が2016年4月から始まりますが、参入業者には大局観と良識

を持って臨んでいただきたいと思います。

おわりに

　筆者は材料物性の研究を25年以上続けています。それも太陽電池に使える材料一本に絞って、半導体を中心として、金属や絶縁物までさまざまな材料の薄膜を作製しその物性を評価する、という実験研究を大学で続けています。

　大学では、半導体や材料関係の専門科目の講義も担当していますが、理系文系の学部の枠を超えた一般教養科目「現代社会を支える電気電子技術」や、学科の枠を超えた工学部全体向けの「環境工学」なども担当しています。地域の市民講座や他大学の特別講義などで、太陽光発電や太陽電池の講演もしています。

　これら一般教養科目などで学生や地域の皆さんにお話ししている内容を、本書にまとめました。これらの科目はリレー方式で行われているため、筆者一人で15週分担当しているのでは

ありません。数回分、ときには一回分だけの講義の内容なので、量も少なめです。

　しかし、その中で、太陽光発電や太陽電池に関する、世間の誤解や無理解について、重要なエッセンスを凝縮して本書にまとめました。テレビや新聞の報道による情報を鵜呑みにしていた人たちに、「そういう考え方もあったのか。考えたこともなかった。誤解していた」などと、何かひとつでも刺激を与えることができれば、筆者としてこれに勝る幸せはありません。

　実際、受講者の皆さんに受講後に書いていただいたアンケートには、上記のような感想が多く書かれています。本当に嬉しく思います。筆者のような考え方を広める研究者は少ないかもしれませんが、機会があればいつでもどこでも誰にでも、伝えに行きます。草の根の活動を今後も続けます。

　太陽光発電がさらに普及することを願いつ

つ、本書を送り出します。最後になりましたが、本書が世に出る機会を与えて下さった、学術研究出版および小野高速印刷株式会社の関係者の方々には、心より深く感謝いたします。

参考文献

・「太陽電池を使いこなす」、桑野幸徳著、講
  談社（1992）
・「新・太陽電池を使いこなす」、桑野幸徳著、
  講談社（1999）
　　いずれも、ブルーバックスシリーズとして
  発行されたものです。図表や写真が豊富で、
  太陽電池を知らない人から専門家まで楽しめ
  る読み物です。筆者も繰り返し読みました。

・「トコトンやさしい太陽電池の本（第2
  版）」、産業技術総合研究所太陽光発電工学
  研究センター編（2013）
　　この本も図表が豊富で分かりやすく説明
  してあります。また、上記ブルーバックスよ
  りもデータが新しいので、初心者にはお薦め
  の本です。執筆者は太陽電池業界で名の通っ

た専門家であり、筆者も知っている方たちです。内容の信憑性は高いです。太陽電池に興味を持ってくれた学生さんから「何か良い本を」と尋ねられると必ず紹介する本です。

・「エネルギー白書」、経済産業省編（2015）
・「環境白書」、環境省編（2015）

　いずれも白書なので毎年発行されています。筆者は毎年購入していますが、一般の読者のみなさんは、図書館などでデータを調べる程度の使い方で構わないと思います。筆者も最初から最後まですべて読んでいる訳ではなく、ざっと流し読みして、必要なグラフやデータとそれに関する部分を読むだけです。

・「太陽電池」、濱川圭弘編著、コロナ社（2004）
・「薄膜太陽電池の基礎と応用」、小長井誠編

著、オーム社 (2001)

いずれも、やや専門的な内容になっており、電子工学や半導体工学を勉強する大学生や大学院生、あるいは、太陽電池を専門的に扱う人が勉強するための本です。電気工学の基礎的な事柄を修得している人でないと読むのは難しいかもしれません。

・「成長の限界」、大来佐武郎監訳、ダイヤモンド社 (1972)

この本は、ローマクラブ「人類の危機」レポートとして書かれた英語の本を日本語に訳したものです。初版第1刷が1972年で、筆者の手元にあるのは2006年に発行された第62刷です。増刷を重ねて読まれ続けている本です。地球上での人類の活動について考えるきっかけになる本だと思います。タイトルに惹かれて読みましたが、現代人は一度読ん

参考文献　83

でおく必要があると思います。

・「成長の限界　人類の選択」、枝廣淳子訳、
　ダイヤモンド社 (2005)

「成長の限界」から 30 年が経って、世界は
大きく変化しました。地球や人類の持続可能
性を、人口や食料や環境やエネルギーや経済
など、さまざまな角度から考察した本です。
環境哲学や技術倫理も専門とする筆者の愛読
書の一つです。

・「沈黙の春」、レイチェル・カーソン著、青
　樹築一訳、新潮社 (1974)

日本語訳は 1974 年ですが、原著は 1962
年に書かれた、化学物質による環境汚染に関
する本です。

経済産業の発展著しい当時のアメリカで、
それに疑問を投げかけるように、自然破壊に

警鐘を鳴らすことは勇気の要ることだったと思います。レイチェル・カーソン氏は見識ある人物だと思います。

　一読の価値はあると思います。

中村和広（なかむら かずひろ）

京都大学博士（工学）。ライフ＆ネイチャー研究所所長。1970年生まれ。1993年京都大学工学部卒業、1995年京都大学大学院工学研究科修士課程修了、2001年京都大学大学院工学研究科（電子物性工学専攻）博士後期課程修了。1998年より私立大学にて、太陽電池用材料に関する薄膜堆積および物性評価の教授研究に従事。

太陽光発電が地球を救う

2016年2月18日　発行

　　　　著　者　中村和広
　　　　発行所　学術研究出版／ブックウェイ
　　　　　　　　〒670-0933　姫路市平野町62
　　　　　　　　TEL.079 (222) 5372　FAX.079 (223) 3523
　　　　　　　　http://bookway.jp
　　　　印刷所　小野高速印刷株式会社
　　　　　　　　©Kazuhiro Nakamura 2016, Printed in Japan
　　　　　　　　ISBN978-4-86584-095-7

乱丁本・落丁本は送料小社負担でお取り換えいたします。

本書のコピー、スキャン、デジタル化等の無断複製は著作権法上での例外を除き禁じられています。本書を代行業者等の第三者に依頼してスキャンやデジタル化することは、たとえ個人や家庭内の利用でも一切認められておりません。